科普图鉴系列

海　洋

王照远◎主编

吉林科学技术出版社

图书在版编目（CIP）数据

海洋 / 王照远主编 . -- 长春 ：吉林科学技术出版
社，2025. 1. --（科普图鉴系列）. -- ISBN 978-7
-5744-1879-0

Ⅰ．P7-49

中国国家版本馆 CIP 数据核字第 20243HZ654 号

海洋
HAIYANG

主　　编　王照远
出 版 人　宛　霞
责任编辑　郭　廓
封面设计　王照远
制　　版　王照远
幅面尺寸　260mm×250mm
开　　本　12
字　　数　165千字
页　　数　144
印　　张　12
印　　数　1～10 000册
版　　次　2025年1月第1版
印　　次　2025年1月第1次印刷

出　　版　吉林科学技术出版社
发　　行　吉林科学技术出版社
地　　址　长春市福祉大路5788号
邮　　编　130118
发行部电话/传真　0431-81629529　81629530　81629531
　　　　　　　　　　81629532　81629533　81629534
储运部电话　0431-86059116
编辑部电话　0431-81629520
印　　刷　长春新华印刷集团有限公司

书　　号　ISBN 978-7-5744-1879-0
定　　价　49.00元

目　录

介 绍

海洋是地球上最广阔的水体的总称，其水量约占地球总水量的 97%，面积约占地球表面积的 71%。由于这个原因，从太空看，地球就像是一个蓝色的大水球。作为人类生存和发展的第二空间，人们对海洋的探索自古至今从未停止。尽管如此，人类对海洋，尤其是海底世界的了解仍非常之少。

海洋的诞生和演变

地球形成初期，其内部的岩浆不断向外喷发，在喷发过程中释放出了大量的水蒸气、二氧化碳等气体，由此形成了地球的原始大气层。随着地表温度的降低，大气的温度也降了下来，大气中的水蒸气便逐渐凝结成了小水滴。小水滴越积越多，最终汇聚成雨水降落到地表。这场降雨可能持续了数百万年，大量的水不断在地面积蓄，逐渐形成了原始的海洋。

根据大陆漂移说，地球上的陆地原本是连在一起的，并没有被海洋隔开。后来由于地质活动，大陆板块或发生断裂而形成新的海洋，或被推挤到一起而使旧的海洋变小甚至消失。就这样，在大陆板块的不断运动下，地球最终形成了如今的海陆分布面貌。

水是自然界生物体维持生命的重要物质，海洋作为地球上最庞大的水体，和生命的起源息息相关。实际上，地球上最早的生命形态就是在海洋中诞生的。今天，在广阔无垠的海洋中，更是生存着数以百万计的生物。

海和洋

我们平时总是说"海洋"，但其实海洋包括海和洋这两种不同的水体。其中，洋位于海洋的中心，是海洋的主体部分，

★ 形成之初的地球

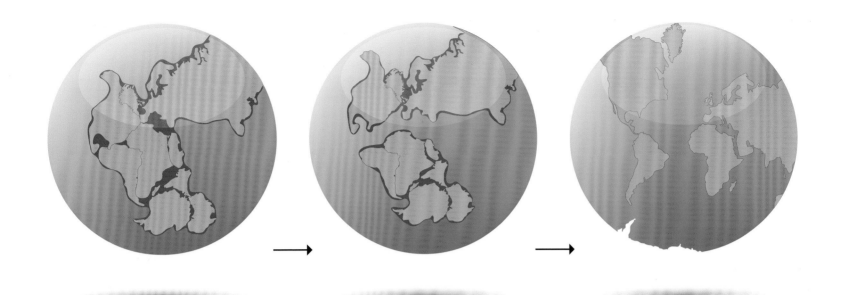

★ 海陆变迁

★ 绚丽多彩的海底世界

5

面积约占海洋总面积的89%；海位于海洋的边缘，是洋的附属，其面积约占海洋总面积的11%。

除了位置和面积不同外，海和洋的区别还包括以下几点：海的深度一般小于3000米，洋的深度一般大于2000米；海没有独立的洋流和潮汐系统，而洋有；海的底部为大陆地壳，洋的底部为大洋地壳；海水的温度、含盐度和透明度受陆地影响较大，洋水性质稳定，不受陆地影响。

洋的数量较少，全球只有4个，分别为太平洋、大西洋、印度洋和北冰洋。每个大洋都有数量不等的附属海，其中太平洋的附属海数量最多。

按照海所处的位置及其与大陆和大洋的关系，可以将其分成三类：一是边缘海，又叫陆缘海，是指位于大陆边缘，与大洋以半岛、岛屿或群岛隔开，通过海峡与大洋连通的海域，如黄海、东海和南海；二是内陆海，是指深入大陆内部，被陆地、岛屿或群岛包围，仅通过狭窄水道与大洋连通的海域，如渤海；三是陆间海，是指位于多个大陆之间，通过海峡与大洋连通，看起来像湖泊但具有海洋特征的海域，如地中海。

★ 太平洋的边缘海——黄海

★ 太平洋的内陆海——渤海

海洋的特征

海洋底部不是平坦的，而是跟陆地一样，具有各种各样的地形，如绵延高耸的山脉、宽阔坦荡的平原、深不可测的沟壑等。具体来说，海底的地形主要分为四个部分：一是大陆边缘，包括大陆架、海底峡谷、大陆坡等；二是大洋盆地，包括深海平原、深海丘陵、海底火山、火山岛、海山等；三是大洋中脊，包括洋脊和裂谷；四是海沟。

在所有的地形中，海沟是海底最深的地方。在全世界的海洋中，大约有30条海沟。其中，位于太平洋的马里亚纳海沟的查林杰海渊海渊深11034米，是目前已知的海洋最深处。

根据海底地形、光照条件及海洋生物

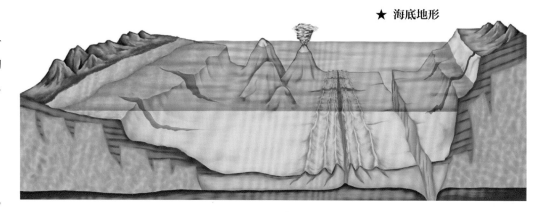

★ 海底地形

群的特点等，可以将海洋分成不同的水层。海平面至水下200米为海洋上层，被叫作透光层，这是阳光可以穿透的水层。透光层是生物种群最丰富的水层，大部分海洋生物都生活在这一层。水下200米至1000米左右为海洋中层，被叫作弱光层，阳光

不能完全穿透这里，因而光线微弱，生物种群较透光层要少。水下1000米以下为海洋深层，被称为无光层。这里没有任何光线，漆黑一片，生物种群非常少，其中一些种类因此进化出了可以发光的身体器官。

★ 海沟

海洋与人类

自古以来，海洋就是人类获取食物、从事贸易和探索的重要场所。早期，人类使用简陋的船只和原始的渔具，在海洋中捕捞鱼类和其他海洋生物，以获取宝贵的食物。随着时代的进步和科技的发展，人们发明了潜水衣、潜艇等工具，开始下潜到更深的海域，更深入地探索和利用海洋资源。

海洋就像是一个巨大的"聚宝盆"，储藏着极其丰富的矿产资源和生物资源，如石油、天然气、金属矿产及各类海洋生物。海洋还蕴含着巨大的能量，这些能量可以转化为风能、潮汐能、波浪能等可再生能源。此外，依赖海洋开发的旅游业和海洋运输，也在全球经济发展中发挥了重要作用。

然而，海洋资源并非取之不尽、用之不竭。人类无休止地过度索取使得海洋生态系统面临着前所未有的挑战。过度捕捞导致海洋生物数量急剧减少，海洋污染使得海洋生态环境遭到严重破坏，气候危机更是给海洋生态系统带来了巨大的威胁。这些问题不仅不利于海洋生物的生存，也严重影响了人类的生存和发展。

因此，我们必须更加珍惜和保护海洋资源，积极促进海洋经济的可持续发展，同时密切关注海洋生态系统的健康与平衡，以实现人类与海洋和谐共生的目标。

★ 海洋污染

★ 潜艇

★ 海上石油钻井平台

★ 捕鱼

★ 海洋保护区

13

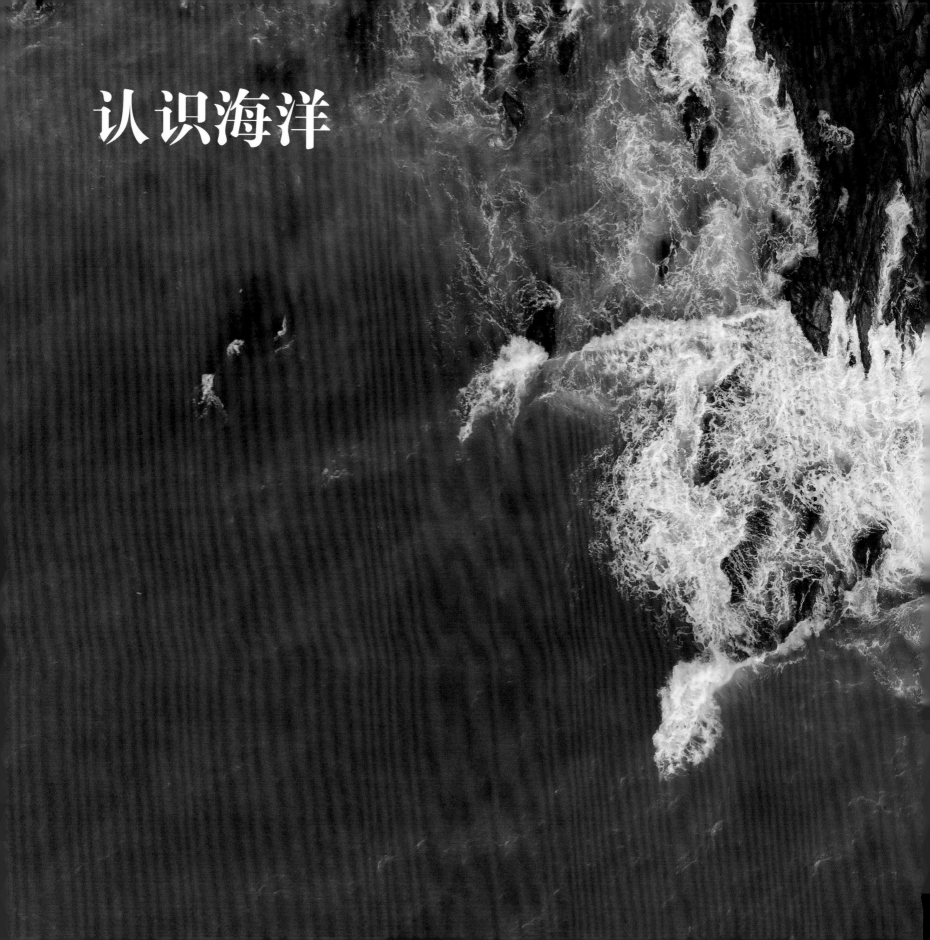

认识海洋

海水

海水因为含有大量的盐类物质，所以是咸的，不能直接饮用。但在海洋刚形成时，海水并没有这么咸，是后来由于水循环不断进行，地表的径流将陆地上的盐类物质源源不断地带进海洋，随着时间的推移，海洋中的盐类物质越来越多，海水也就变得越来越咸。

海水的成分非常复杂，除了盐类物质，海水中还含有各种各样的矿物质、微量元素及有机质等。这些物质对生物的形成和生存非常重要，海洋因此成了很多生物的理想栖息地。

海水之所以是蓝色或蓝绿色的，是因为太阳光中其他颜色的光都被海水吸收了。

其中，红色光的波长最长，最先被吸收，然后是黄色光、绿色光和紫色光，因此从海水中折射出来的光中就不含有这些颜色了。而蓝色光没有被吸收，所以从水中折射出来的光中就只含有蓝色，因此海水看起来通常都是蓝色的。

★ 海洋中的盐

★ 晒制海盐

★ 玻利维亚境内的乌尤尼盐沼

18

★ 海绵动物

19

★ 海龟

★ 海豚

海风

在气象学上，海风是指沿海地带白天从海洋吹向陆地的风。白天，在阳光的照射下，陆地快速升温，海面缓慢升温。陆地上的空气受热膨胀变轻并上升，低层气压降低，高空气压升高，陆地上方空气压强小。海面上则相反，低层气压升高，高空气压降低，海面上方空气压强大。

在海陆交界的小范围内，海面上的低层气压高于陆地。在不考虑其他因素的情况下，空气总是从气压高处流向气压低处，即风从海面吹向陆地。

白天，海风吹过，海上充沛的水汽被带到大陆沿海地区，经常形成雾。在水汽聚集得足够多的时候，就会出现降雨。这降低了沿海地区的气温，缓解了沿海城市夏季的酷热。

★ 海风吹动棕榈树

★ 海风吹拂沙滩草

23

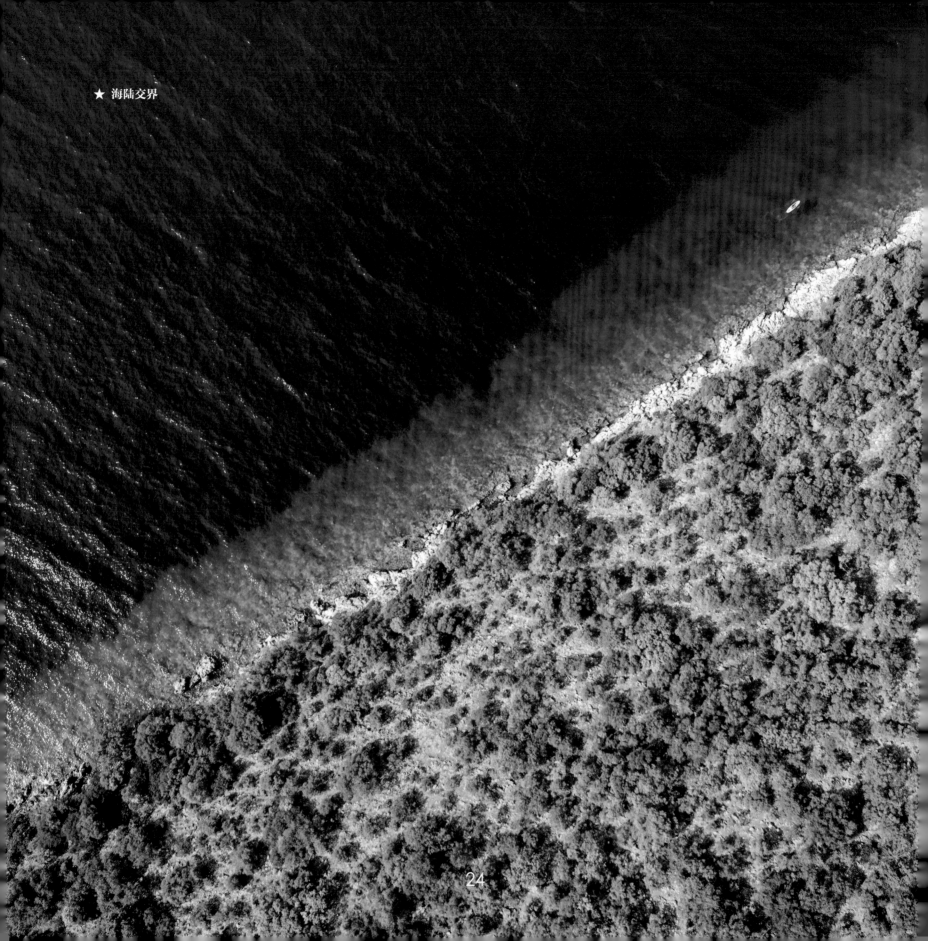

★ 海陆交界

海浪

海浪是发生在海洋中的一种波动现象，通常是指海洋中由风产生的波浪。在不同的风速、风向和地形条件下，海浪会有很大的变化。一般来说，海面越宽、风速越大、风向越稳定，海浪越强。

波动的海浪会发生破碎，形成白色的浪花和泡沫。这些浪花和泡沫在海洋表面形成一个特殊的微气候层，能够影响海洋生态系统的能量交换和物质循环。首先，浪花和泡沫的形成能够扩大海洋表面和大气之间的接触面积，促进氧气、二氧化碳和其他气体的交换与传输。其次，泡沫能够减少太阳对海洋表面直接照射产生的光热，降低海洋表面的温度，同时泡沫中的盐分也会影响海洋表面的盐度分布。

海上冲浪是一种极限运动。冲浪者站在冲浪板上，借助海浪的力量，控制冲浪板的方向与速度，在海面上滑行，体验与海浪搏击、在海浪上驰骋的乐趣。海上冲浪通常在有风浪的海滨进行。

★ 海浪

★ 海浪破碎产生的浪花与泡沫

★ 海浪冲刷海滩产生泡沫

28

★ 汹涌的浪花

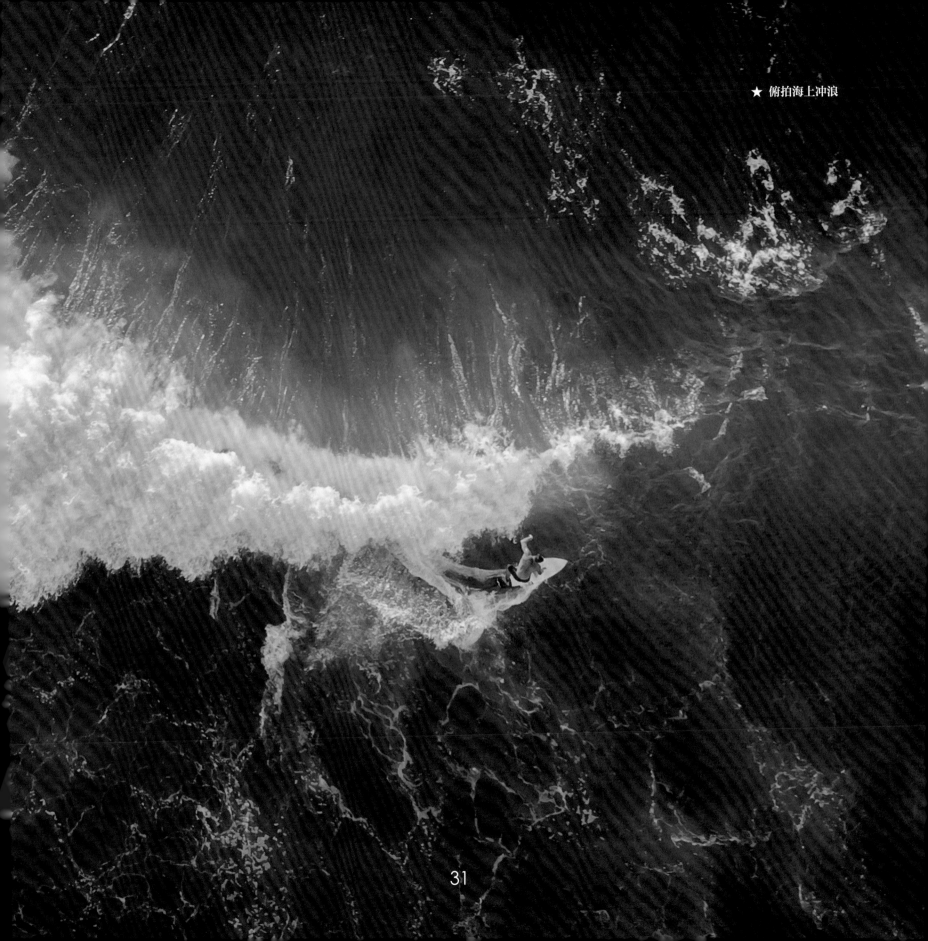

★ 俯拍海上冲浪

海峡

海峡是指两块陆地之间或陆地与岛屿之间连接两个海或洋的狭窄水道。海峡一般水很深且水流急、多涡流。海峡底质大多由坚硬的岩石或砾石组成，细小的沉积物较少。

海峡内水文要素复杂多变，受地理位置、气候条件、洋流和潮汐、河流注入、海底地形和海底活动等多种因素的影响，海峡内的海水温度、盐度、水色、透明度等水文要素在垂直和水平方向上变化较大。

海峡的地理位置特别重要，不仅是海上交通运输的枢纽，也是军事战争的必争之地，常被称作"海上走廊"或"黄金水道"。

★ 从飞机上俯瞰马六甲海峡

★ 直布罗陀海峡对岸的欧罗巴角灯塔

33

★ 我国台湾海峡北侧的重要港口——基隆港

34

★ 托雷斯海峡星期四岛上的港口和码头

35

海湾

海湾是沿海地区向海突进的两个半岛或者陆地之间形成的向陆弯曲的海岸及其毗邻的海域。

海湾通常根据形态与成因分类，可分为以下几种：

基岩海岸形成的海湾，这类海湾通常由基岩海岸遭受海蚀而形成。软性岩层受海浪侵蚀后，向陆地凹进形成海湾，坚硬岩层向海凸出形成岬角。

砂质海岸形成的海湾，这类海湾通常由砂质海岸遭受海蚀而形成。砂质海岸受海浪侵蚀后，沿岸的泥沙纵向运动的沉积物形成沙嘴。

海面上升，海水侵蚀陆地导致海岸线曲折，海岸线凹进的地方形成海湾。

世界上著名的海湾有孟加拉湾、几内亚湾、阿拉斯加湾、波斯湾、哈得孙湾、巴芬湾等。

★ 孟加拉湾

★ 几内亚湾

★ 阿拉斯加湾

★ 波斯湾沿岸

海岛

海岛是指被海洋环绕的陆地，通常面积较小，四周被海水包围，涨潮时陆地仍高于水面。海岛与大陆或其他岛屿有一定距离。海岛是由于地壳运动、火山喷发、珊瑚礁生长等因素影响下自然形成的。

海岛上的生态系统较为独特，由海岛陆地上的生物群落（包括植物、动物和微生物）与非生物环境（包括土壤、气候、水文等）相互作用形成。

世界上著名的海岛有苏门答腊岛、格陵兰岛、毛里求斯岛、新几内亚岛等。

★ 苏门答腊岛

42

★ 格陵兰岛

43

极地海域

极地海域是指位于地球两极地区的海域，包括北冰洋和南大洋。

北冰洋位于北极地区，是五大洋中最小、最浅、最冷的一个。这里的海域环境特殊，大部分水域常年被海冰覆盖。海水温度因日照的季节性差异而发生变化，海冰的形成与消融也因此呈现出强烈的季节性特征。北冰洋中生活着多种海洋生物，包括北极熊、海豹、海狮、鲸鱼等。

南大洋位于南极地区，环绕着南极大陆，是世界第五个被确定的大洋。在南极洲极端寒冷的气候，南大洋的海域非常寒冷，且存在大量的海冰。这里生活着企鹅、海豹、鲸鱼等多种海洋生物。

极地海域低温、强风、海冰覆盖的环境特点，对生活在这里的生物来说是巨大的挑战。目前，受全球气候变化和人类活动影响，极地海域的海冰逐渐融化，这对当地生态系统产生了许多不利影响。

★ 北极熊

★ 海豹

★ 北冰洋岸边的北极光

48

★ 南极企鹅

★ 海冰

★ 漂浮在海面的冰山

海洋无脊椎动物

海绵

海绵是一种古老又庞大的海洋无脊椎动物，其身体包括体壁和中央腔两部分，它们通过中央腔的出水口和体壁上的小孔，过滤海水中的食物微粒，进行滤食。

海绵虽然是动物，但并不能移动，只能将有纤毛的一端附着在海底礁石上。为了维持生命，它们只能从流过身边的海水中过滤食物。

海绵种类繁多、形态各异，包括桶状、管状、瓶状、扇状等。

★ 桶状海绵

★ 瓶状海绵

★ 管状海绵

水母

水母是一种独特而美丽的海洋无脊椎动物，外形如同一把透明的雨伞。它们的身体呈透明或半透明状，没有大脑、骨骼、心脏等器官，但伞状边缘具有感觉器官。

水母长有细长的触手，触手上布满了像毒丝一样的刺细胞，可以释放出毒液，帮助其捕捉猎物。猎物被刺伤后，触手可紧紧抓住猎物，并将其送到伞状体下面用息肉吸住，然后迅速将猎物分解。

水母运动时首先会伸展内腔，将水流自下方慢慢吸入，然后迅速收缩内腔，再将水流挤出腔体，借助水流喷出体外的推力，向反方向移动。

★ 水母

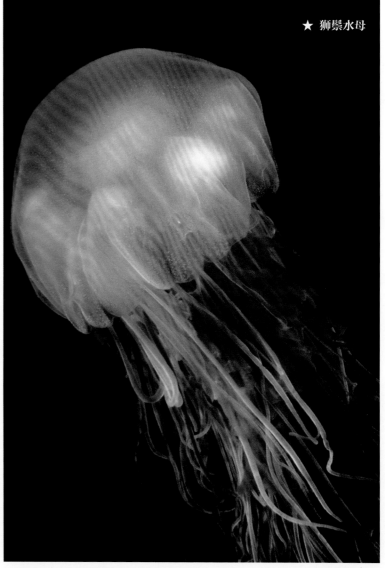

★ 狮鬃水母

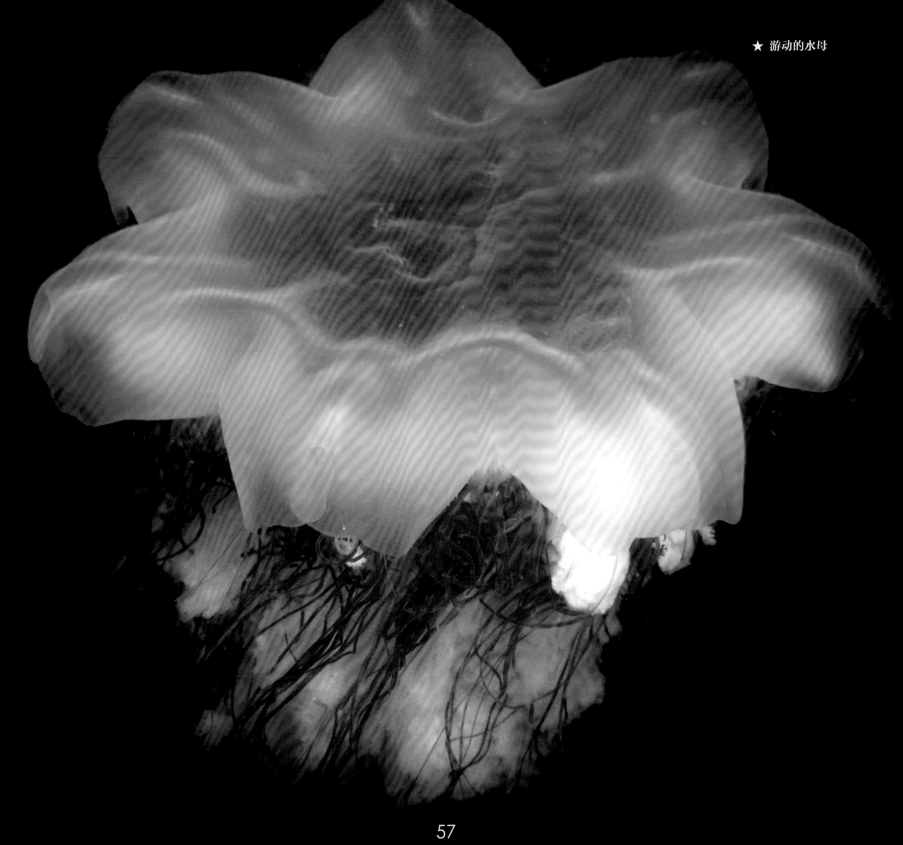

★ 发光的水母

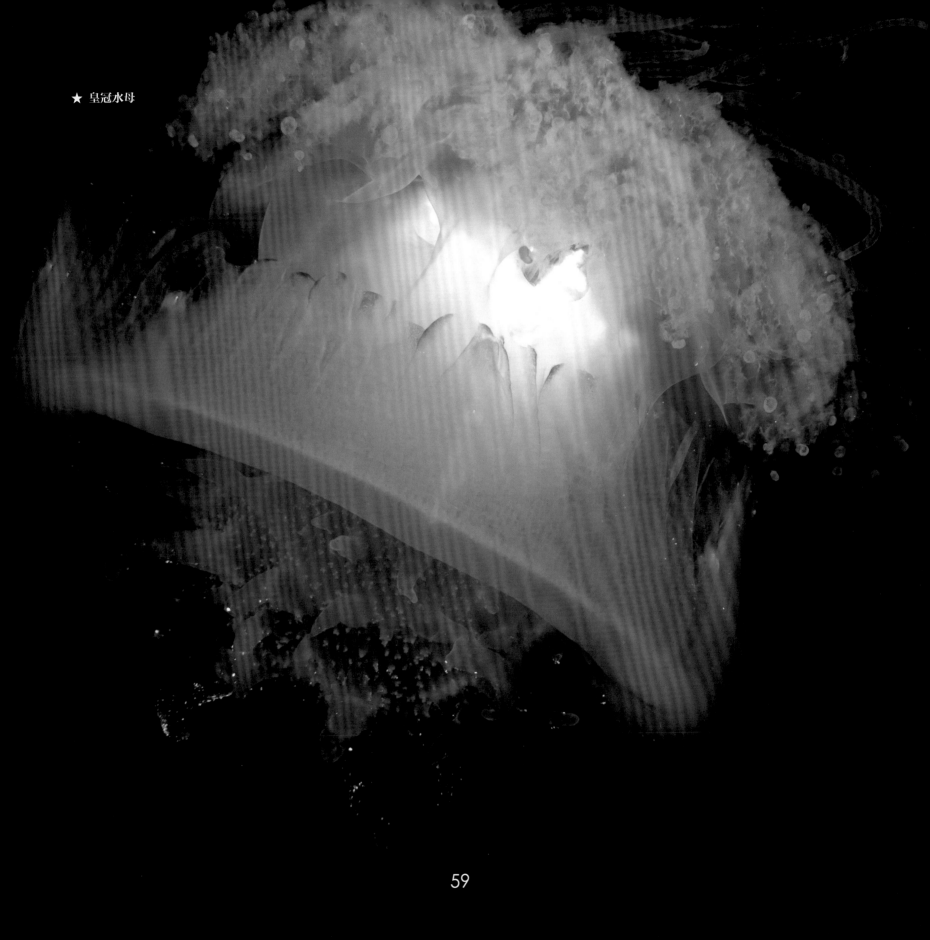

★ 皇冠水母

珊瑚

珊瑚是珊瑚虫在生长过程中通过吸收钙和二氧化碳而分泌的外壳，其主要成分是碳酸钙，质地坚硬，相当于珊瑚虫的骨骼。珊瑚形状多样，颜色鲜艳美丽，常成片聚集在海底，形成珊瑚礁或珊瑚岛。它们为许多海洋生物提供了栖息地，在维持海洋生态平衡和减缓全球变暖方面发挥着重要作用。

★ 珊瑚礁群落

★ 火珊瑚

海葵

海葵的身体呈辐射对称的桶状，触手围绕着它们的上部端口呈圆形排列。它们的颜色绚丽并向四周伸展摇摆，犹如美丽的花朵，因此又被称为"海中花"。

海葵为肉食性动物，主要以鱼类、贝类、蜉蝣动物等为食。其触手上的刺细胞能够释放出强烈的毒液，借此进行防御和捕食。此外，海葵常与小丑鱼建立共生关系，小丑鱼为海葵招引食物，海葵为小丑鱼提供庇护和食物残渣。

★ 绿色海葵

★ 粉色海葵

★ 红色海葵

★ 櫻蕾篷錐海葵

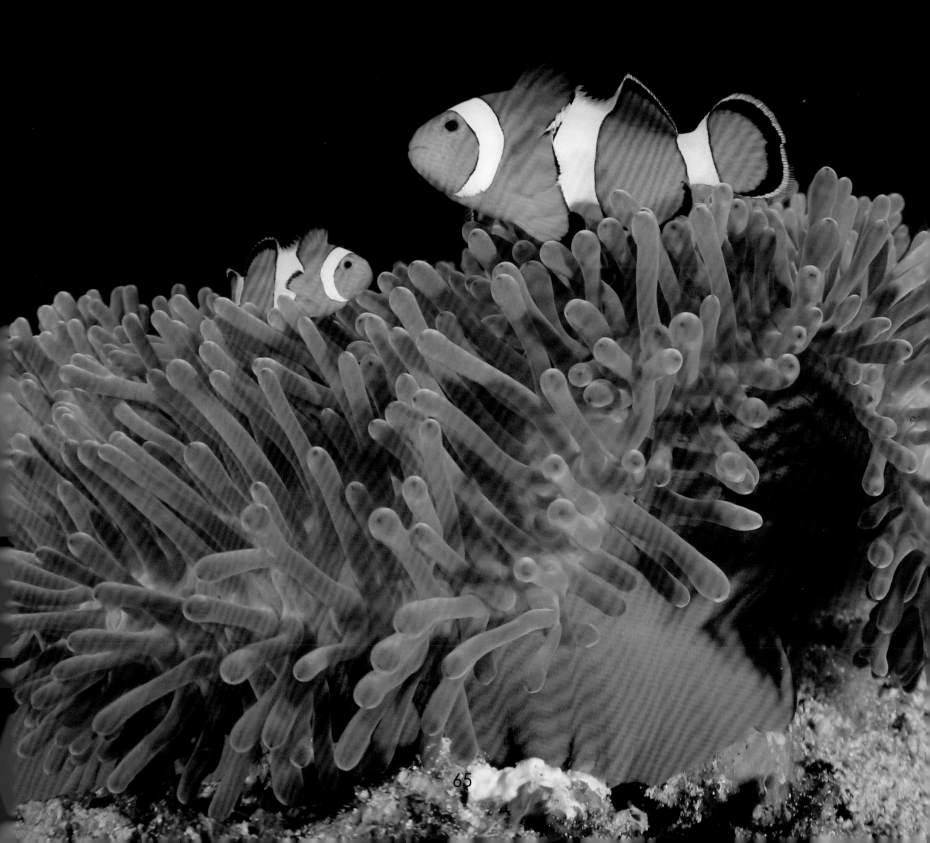

章鱼

章鱼属于海洋软体动物，在无脊椎动物中智商最高。其漏斗状的体管能够将水吸入体腔并喷射出来，产生强劲推力，使它们的身体快速向相反的方向移动。章鱼的腕足非常灵活，可以帮助它们捕捉猎物。它们的每条腕足上一般都有两排吸盘，能够紧紧地吸附在物体或猎物表面，吸盘上的感觉器官还能帮助章鱼分辨目标及判断周围水流情况。

大多数章鱼没有坚硬的外骨骼或外壳，身体柔软，它们通常喜欢栖息在岩石较多的海底洞穴或者缝隙中。它们还喜欢各种空心器皿，常栖身于瓶、罐等容器中。

章鱼能够改变自己的体色和形状，通过伪装捕获猎物或者躲避捕食者。此外，它们还能通过喷墨来逃避天敌的捕食。

★ 章鱼在深海中游动

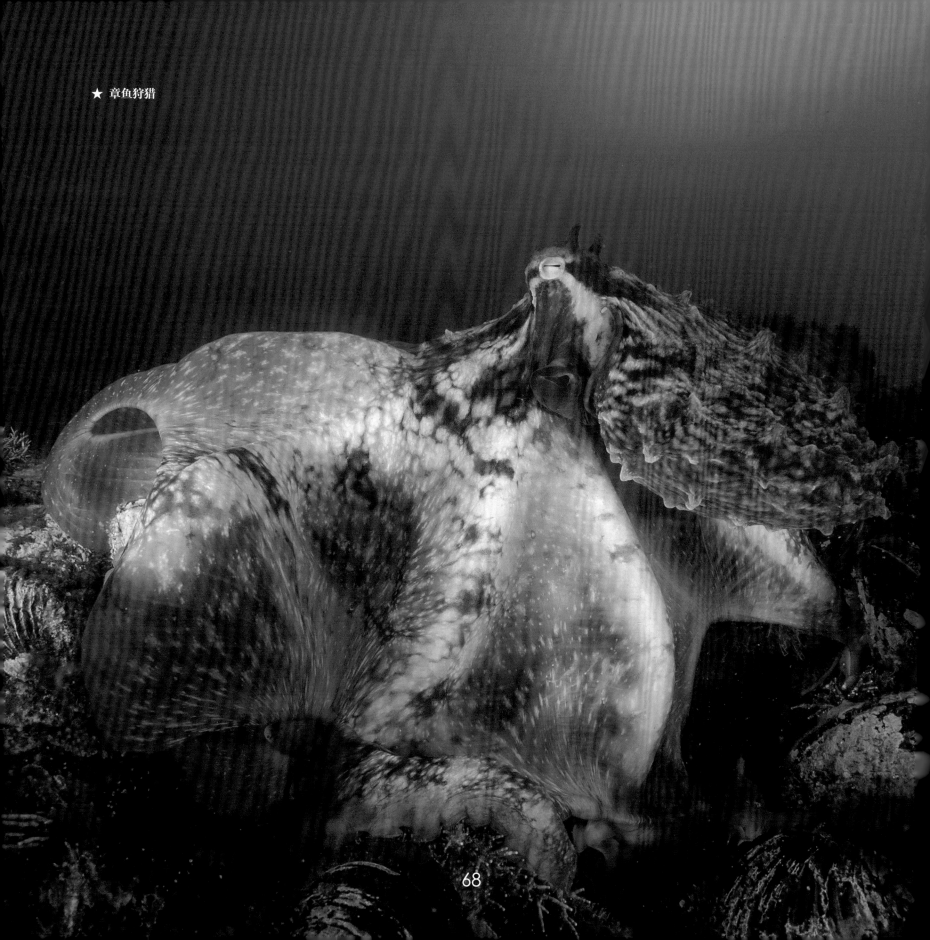

69

★ 蓝环章鱼

★ 北太平洋巨型章鱼

蟹

蟹属于甲壳类动物，其身体结构紧凑，头胸部覆盖着坚硬背甲，背甲的形状和颜色因种类而异。头部有一对复眼和两对触角，用于感知外界环境。它们还有两个大钳子和八个步足，用于捕食和爬行。蟹虽然靠鳃呼吸，但它们的鳃与鱼鳃不同，因此它们可以在海滩或岛上觅食。

蟹的行走方式非常有趣和独特，它们通常使用后面的两对步足行走，而前面的两对步足则用于抓取食物和捡拾物品。因其胸部的左右跨度比前后跨度大，所以大部分螃蟹都是横着走的。

绝大部分蟹类生活在海里或近海区，在退潮时，它们会在海滩上觅食。蟹是杂食性动物，它们主要以小鱼、虾、藻类等为食。蟹的繁殖方式因种类不同而存在差异，有的种类会在沙滩上挖洞产卵，有的则会在水中产卵。

★ 螃蟹

73

★ 红石蟹

★ 角眼沙蟹

海洋鱼类

鲨鱼

鲨鱼是海洋中一种古老的鱼类，它们早在3亿多年以前就存在于地球上了，是比恐龙的存在史还要久远的地球生物。鲨鱼的种类较多，一共有500多种，每种都有其独有的特征，但它们的体形总体上都呈两头尖、中间宽的长纺锤形。

鲨鱼的嗅觉非常灵敏，它们的鼻腔中分布着大量的嗅觉细胞，能够敏锐地感知到水中极低的血腥气味。即使是轻微出血的伤病鱼，也能将它们从远处吸引来。

鲨鱼的牙齿有多排，最外排的牙齿可用于撕咬、咀嚼，其余几排牙齿以备日后使用。一旦外层牙齿脱落，内排牙齿随即补上。鲨鱼一生中需要替换几万颗牙齿。

★ 噬人鲨

★ 双髻鲨

80

★ 豹纹鲨

★ 鯨鲨

旗鱼

旗鱼是一种生活在海洋中的大型肉食性鱼类，有着非常发达的背鳍。因第一背鳍高耸如帆，又像一面迎风飘扬的旗帜，故得此名。此外，旗鱼的吻部如同一把锋利的长剑，十分突出。

旗鱼的游泳速度很快，它们在游泳时会放下背鳍，以减少阻力，而它们长剑般的吻则将前方的水向两侧拨开，加之不断摆动尾柄、尾鳍产生的强大推动力，旗鱼就能像离弦的箭一样飞速前进。

旗鱼性情凶猛，是一种活跃的掠食者，主要捕食乌贼、鲹鱼、秋刀鱼等。其在攻击目标时，行进速度可达每小时数百千米。

★ 旗鱼追逐鱼群

★ 旗鱼跃出海面

小丑鱼

　　小丑鱼是一种生活在热带珊瑚礁海域的小型鱼类，以其独特的外形和与海葵的共生关系而闻名。小丑鱼的体形较小，体色鲜艳，常为红色或橘红色。其身上醒目的白色条纹或斑块，使它们看起来如同京剧中的丑角，因此得名"小丑鱼"。

　　小丑鱼是一种杂食性鱼类，食性广而杂。在自然环境中，它们主要以藻类、小型甲壳类、软体动物等为食。

★ 咖啡小丑鱼

86

★ 黑双带小丑鱼

★ 印度红小丑鱼

蝴蝶鱼

蝴蝶鱼是一种生活在热带和暖温带水域的海洋鱼类，常在珊瑚礁附近活动。它们体形较小，身体侧扁，呈菱形或近卵形；口小，并向前伸出；胸鳍宽大，腹鳍、臀鳍、尾鳍等各鳍条彼此分离。它们的体色鲜艳美丽，可随环境的变化而变化，极具观赏价值。

蝴蝶鱼是典型的日行性动物，生性活泼，行动迅速，它们白天出来觅食，晚上躲在礁洞里面休息。但它们的性格胆怯，稍受惊动就会立即躲入珊瑚礁或者岩石缝中。

蝴蝶鱼的食性变异较大，主要以浮游甲壳动物、软体动物、蠕虫、珊瑚虫和其他微小动物为食，有的种类也会吃海藻，属于肉食性或杂食性的鱼类。

★ 纹带蝴蝶鱼

★ 蝴蝶鱼群

★ 领蝴蝶鱼

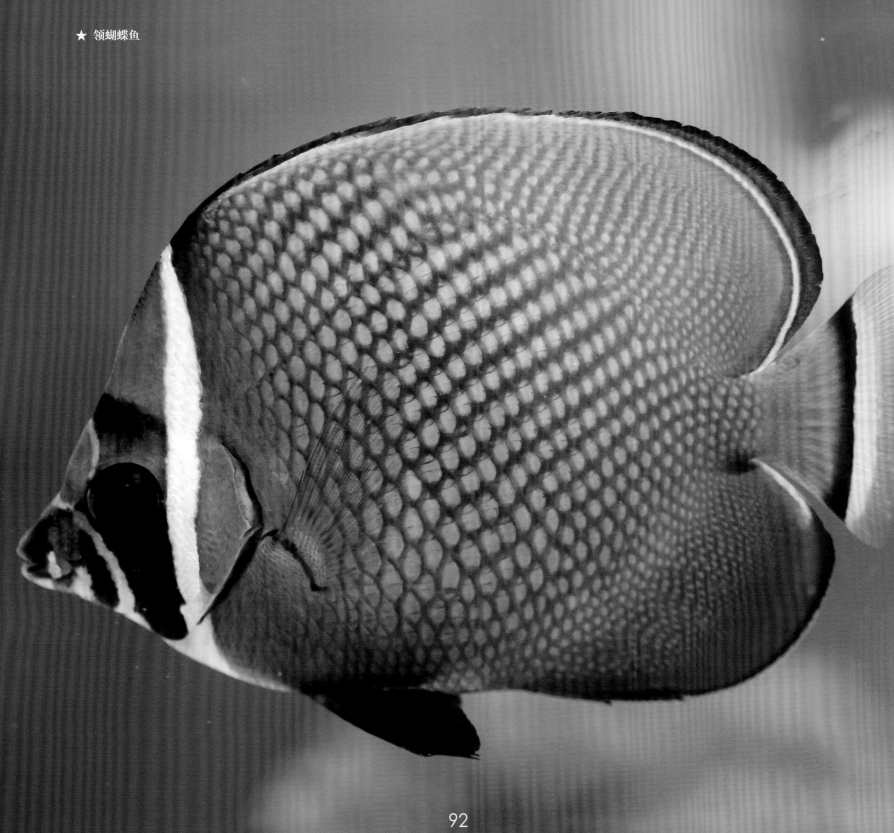

★ 网纹蝴蝶鱼

93

海马

海马是一种生活在海洋中的小型鱼类，它们有着与普通鱼类不同的独特外形。其头部呈马头状，吻部呈长管状，看起来像是一匹小马，因此得名"海马"。

海马的游泳姿势非常优美，其身体直立在水中，完全依靠背鳍和胸鳍做出波浪状的动作，游动缓慢。海马虽然生活在海洋中，但是却并不擅长游泳，它们一般生活在珊瑚礁的混流中，常常用尾部钩住珊瑚的枝节或海藻的叶片，以防止自己被激流冲走。

虽然海马行动缓慢，但它们却可以有效地捕获行动迅速、善于躲藏的桡足类动物。

★ 长吻海马

★ 黄色海马

★ 侏儒海马

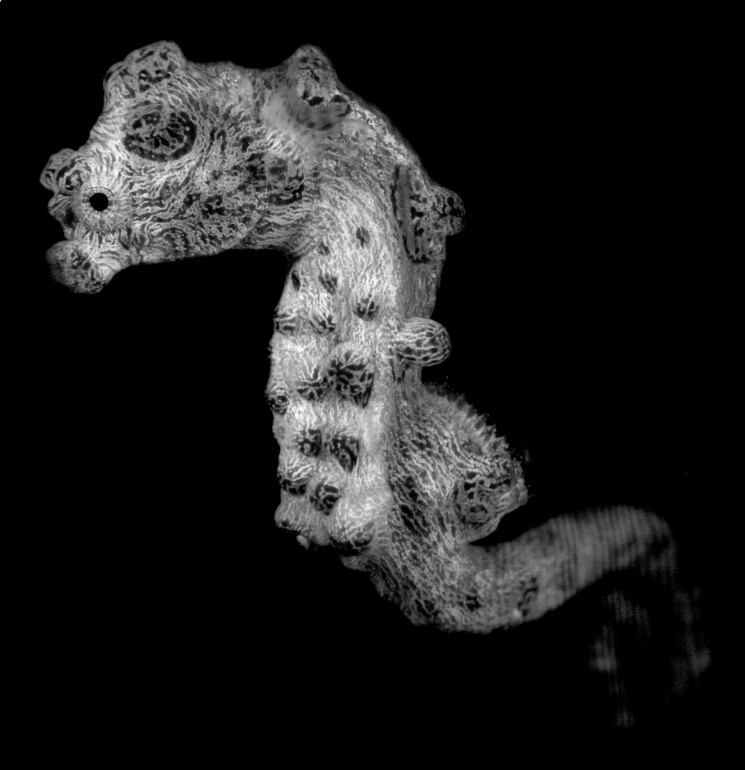

★ 海马用尾部钩住海草

翻车鲀

翻车鲀是一种大型大洋性鱼类。它们的体形短而侧扁，呈卵圆形；头部稍短小，近半圆形；吻部稍突出，钝而圆；眼睛小；尾短，无尾柄。其体色为银灰色，略带乳白色光泽，体表覆盖着大量黏液。

翻车鲀体形较小的个体较活泼，常跃出水面；体形较大的个体则行动迟缓，常在晴朗无风的天气里，浮在海面侧卧着晒太阳，或者将背鳍侧露出水面。

翻车鲀以海藻、软体动物、小鱼、水母及浮游甲壳类为食。

★ 翻车鲀

★ 翻车鲀在海面捕食

弹涂鱼

弹涂鱼是一类进化程度较低的鱼类。它们独特的身体结构使它们既能够在潮间带泥滩上爬行和弹跳，也可以在水面上游行。除了用鳃呼吸，弹涂鱼还能够通过皮肤和口腔黏膜的呼吸作用从空气中获取氧气。

弹涂鱼为杂食性动物，主要以小型底栖无脊椎动物、小型底栖鱼类、底栖硅藻等为食。它们常依靠发达的胸鳍肌柄在滩涂上觅食。此外，弹涂鱼还有冬眠的习性，它们会居于洞穴深处度过寒冷的冬季。

★ 弹涂鱼弹跳

★ 在石块上休息的弹涂鱼

海洋哺乳动物

蓝鲸

蓝鲸是须鲸的一种，是地球上现存体形最大的动物，体长可达 33 米，其最大体重比 25 头非洲象加在一起还重。蓝鲸身躯瘦长，背部为青灰色，在水中看起来颜色会比较淡。它们的头部巨大，背鳍较小，鳍肢狭窄。蓝鲸的头顶有呼吸孔，它们在呼吸的过程中，会从呼吸孔中喷出壮观的垂直水柱。

蓝鲸主要以浮游生物为食，尤其是磷虾。它们一次能够吞下数百万只磷虾，每天要吃下好几吨食物。

★ 蓝鲸

★ 藍鯨露出海面

虎鲸

虎鲸是海豚科中体形最大的物种。它们头部呈圆锥状，吻部并不突出，鼻孔位于头顶右侧，体色由黑、白两种颜色组成，极具辨识度。虎鲸具有社会性和较强的合作能力，它们常集群生活，通过发出各种声音及摆出不同姿势来进行交流。

虎鲸是一种大型齿鲸，是海洋食物链中的顶级捕食者，以高智商和强大的猎食能力闻名。它们主要以鱼类、鸟类、海狮、海豹、乌贼、鲨鱼等为食，甚至可以攻击其他鲸类，有"海中霸王"之称。虎鲸拥有高超的捕猎技巧，它们会通过群体合作的方式，迅速而准确地攻击并制服猎物。

★ 虎鲸跃出海面

★ 虎鲸在海面上滑行

★ 虎鲸呼吸时喷出泡沫状气雾

★ 虎鯨群

★ 虎鲸狩猎海狮

109

★ 虎鲸觅食

★ 虎鲸捕获鼠海豚

111

座头鲸

座头鲸的胸鳍又长又宽，形状如同巨大的翅膀，长度接近其体长的三分之一，因而又叫大翼鲸。它们体形庞大，头部相对较小，吻部较宽，吻部周围长有多个瘤状突起，喉胸部有 14~34 条褶沟。

座头鲸性情温和，但也有一定的防御能力。在遇到劲敌时，它们会用自身的鳍状肢和强有力的尾部攻击对方。此外，座头鲸还具有社会性，它们对同伴有强烈的依恋。

座头鲸拥有十分高超的游泳和嬉水能力，常在游动一段距离后冲出水面，待鳍肢到达水面时，身体便开始慢慢向后弯曲，好像杂技演员的后翻滚动作。

座头鲸是一种大型齿鲸，它们的捕食方式相当独特。它们捕食时下颚会暂时性脱落，使嘴巴呈 90° 张开，然后吞进大量磷虾、小鱼等食物。

★ 母鲸和幼鲸在海中嬉戏

★ 座头鲸跃出海面

114

★ 座头鲸捕食

抹香鲸

抹香鲸是体形最大的齿鲸，巨大的头部几乎占据了它们身体的三分之一。其全身呈灰色，无背鳍，尾部似鱼，有水平尾鳍，且尾部力量极大，是游泳时主要的"推进器"。

抹香鲸的潜水能力非常强，可潜至水下2200米处，并且能够在水下停留1小时之久，因此被称为哺乳动物中的"潜水大师"。

抹香鲸性情凶猛，主要以鱼类、大型乌贼、章鱼等为食。它们的食量惊人，每天需要进食大量食物来维持生命活动。

抹香鲸的睡眠方式独特，需要休息时，它们会采取垂直方式在海面下大约15米处进入睡眠状态，就像浮木一样静静地漂浮在水中。这种睡眠姿势有助于它们在海中保持稳定，避免在休息时下沉。

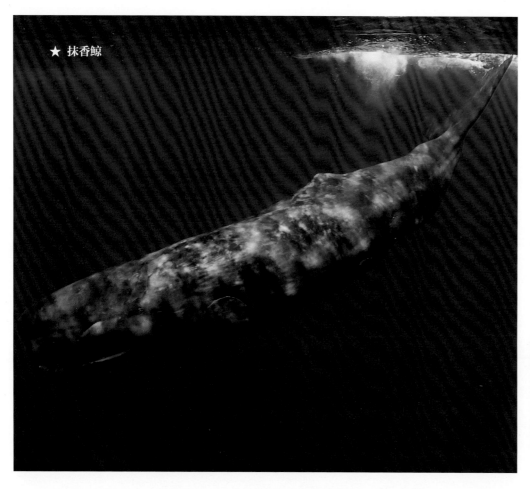

★ 抹香鲸

★ 抹香鲸潜水

★ 抹香鲸的尾部

★ 抹香鯨睡眠

★ 抹香鯨群

海豚

海豚的身体呈流线型，表面非常光滑，可以减少水的阻力。其背部大部分为灰色或蓝色，腹部为白色。这样的体色搭配有助于它们在海洋中伪装和捕食。

海豚是群居动物，生活习性高度社会化。它们常常数头聚集在一起嬉戏，成员之间配合默契。它们之间有很多有趣的行为，如一起跃水腾空，一起追随船只乘风破浪，景象壮观。

海豚会发出各种声音进行交流，包括鸣叫声、咔咔声以及歌唱、哭喊等表达感情的声音，这些声音不仅用于沟通交流，也用于回声定位、觅食和寻找同伴。

海豚是用肺呼吸的，它们需要定期漂浮在水面上进行呼吸。在呼吸时，它们会将头部露出水面，通过鼻孔吸入空气，然后将空气储存在肺部。这种呼吸方式使得它们能够在水下进行长期活动。

★ 海豚

120

★ 海豚跃水腾空

121

★ 海豚在水中嬉戏

★ 海豚追逐船只

★ 海豚露出水面呼吸

其他海洋
动物

海龟

海龟是现存最古老的爬行动物之一，被称为动物界的"活化石"。海龟的四肢呈鳍状，擅长游泳，它们一生中的绝大多数时间都在海洋中度过。

海龟通常只在繁殖期返回陆地。它们会爬到陆地上，选择温暖偏僻的沙滩挖坑产卵，产完卵后再返回大海。孵化后的小海龟会返回大海，在海中生活、觅食。

海龟的食性因种类不同而有所偏重，有些种类以甲壳类、鱼类、软体动物等为食，还有一些种类以海藻和水生植物为食。

★ 棱皮龟

★ 玳瑁

★ 太平洋丽龟

★ 海龟爬上陆地产卵

★ 小海龟返回大海

企鹅

企鹅是南极海域的代表性海鸟。它们没有飞行能力，但其独特的身体结构却让它们成为游泳速度最快的鸟类。

企鹅身上羽毛密布，呈重叠、密接的鳞片状，内层绒毛纤细，可防止热量流失；外层羽毛细长，可防止冷空气侵入，就像是穿了一件特殊的"羽衣"，即使零下近百摄氏度，也难以攻破其保温的防线。

企鹅是鸟类中的潜水冠军。它们凭借着流线型的身体、致密的羽毛、短小的鳍状肢及强健的腿脚，可在水中灵活游动。企鹅通常会在潜泳一段距离后，浮出水面呼吸，然后潜入水中继续游动。

小企鹅刚出生时绒毛细软，不足以抵御严寒，因此，成年企鹅通常会站在小企鹅的周围，为小企鹅遮挡寒风。

★ 王企鹅

★ 皇家企鹅

★ 成年企鹅为小企鹅挡风

136

信天翁

信天翁是一种大型漂泊性海鸟，体形较大，翅长，尾短，双翅展开最长可达4米。信天翁具有超强的滑翔能力，经常在海面上滑翔。它们的羽毛大多是白色的，但不同种类的信天翁的头、翅、尾等部位可能有不同的颜色和斑纹。

信天翁绝大部分时间都在海上度过，只有在繁殖季节才会返回陆地或岛屿。它们的双脚不发达，在陆地上活动时非常笨拙，因此常被称为"笨鸥"。

★ 信天翁在海面上空滑翔

139

海雀

海雀大多身体肥壮，翅膀短小，体色多为上黑下白。它们的飞行能力较弱，但游泳能力和潜水能力较强，能够潜入水下10米甚至更深的海域。

海雀通常生活在海上，以鱼类、甲壳类、浮游生物等为食，只有在繁殖季节才会到岸边的岛屿或陆地上筑巢。海雀大多集群繁殖，它们常在无人岛屿的悬崖壁上筑巢，少数种类会在树干上筑巢。

★ 海雀在水中游泳

★ 海雀捕食小鱼

军舰鸟

军舰鸟是一种独特的海鸟，以其出色的飞行能力和独特的狩猎方法闻名。它们拥有发达的胸肌和强健的翅膀，能够在空中高速飞行和灵活翻转，其飞行的最高时速可达418千米，超过了陆地上的大多数交通工具。

军舰鸟高超的飞行能力，使它们能够在空中轻松捕获猎物。但它们很少直接从大海中捕获，而是喜欢拦路打劫其他海鸟捕获的食物。由于这种不光彩的抢食行为，它们也被戏称为"强盗鸟"。

雄性军舰鸟具有鲜红色喉囊，它们在求偶时会通过鼓胀喉囊来吸引雌性军舰鸟的注意，雌鸟会根据雄鸟的具体表现来决定是否将其选为伴侣。

★ 军舰鸟在空中飞行

★ 雄性军舰鸟求偶

★ 两只军舰鸟在抢夺食物